BERICHTE ÜBER DIE VERHANDLUNGEN DER SÄCHSISCHEN
AKADEMIE DER WISSENSCHAFTEN ZU LEIPZIG

Mathematisch-naturwissenschaftliche Klasse

Band 99 · Heft 1

HEINRICH BRANDT

ÜBER DAS QUADRATISCHE REZIPROZITÄTSGESETZ

1951

AKADEMIE-VERLAG · BERLIN

Vorgetragen in der Sitzung vom 19. März 1951
Manuskript eingeliefert am 19. März 1951
Druckfertig erklärt am 25. Oktober 1951

Erschienen im Akademie-Verlag GmbH., Berlin NW 7, Schiffbauerdamm 19
Lizenz-Nr. 202 · 100/55/51
Satz und Druck der Buchdruckerei F. Mitzlaff, Rudolstadt/Thür. (635)
Bestell- und Verlagsnummer 2027/99/1
Preis: DM 1,90
Printed in Germany

1. Das quadratische Reziprozitätsgesetz ist in der üblichen LEGENDREschen Formulierung wenig befriedigend. Die als Exponenten von -1 auftretenden Ausdrücke $\frac{p-1}{2} \cdot \frac{q-1}{2}$ oder $\frac{p^2-1}{8}$ sind rein formal und lassen keine wesentlichen Zusammenhänge erkennen. Außerdem ist die Trennung des Hauptgesetzes von den beiden Ergänzungssätzen sachlich unberechtigt und in der Handhabung unbequem. Dabei haben EULER[1]) und nach ihm GAUSS[2]) schon eine bessere Formulierung für das Hauptgesetz angegeben, welche geeignet ist, die beiden Ergänzungssätze mit aufzunehmen. Das wurde schon von EULER klar erkannt. Merkwürdigerweise wird dieser wichtige Umstand aber nirgends hervorgehoben.

2. Wir werden hier eine neue Formulierung des Reziprozitätsgesetzes vorschlagen, welche sich eng an die älteste von EULER[1]) stammende anlehnt. Zur Erleichterung der Ausdrucksweise führen wir dabei folgende Bezeichnungsweise ein. Für eine ungerade positive oder negative Zahl q bezeichnen wir durch $|q|$, lies q primär[3]) oder q normiert, denjenigen der beiden Werte $+q, -q$, welcher kongruent 1 nach 4 ist, was man auch durch die Formel $|q| = q(-1)^{\frac{q-1}{2}}$ ausdrücken kann, einerlei ob q ursprünglich positiv oder negativ gedacht war. Die Bezeichnung soll an den abso-

[1] L. EULER, Opera omnia I 3, 497 = Opuscula analytica I (1783), 84 = Commentationes arithmeticae I (1785), 485.

[2] K. FR. GAUSS, Disquisitiones arithmeticae (1801), art. 131 = Werke I, 99.

[3] Das Wort „primär“ ist hier in dem Sinne verstanden, wie er sich bei GAUSS und DIRICHLET findet und würde an sich vollständig genügen, um den Sachverhalt auszudrücken. Da dies Wort indessen neuerdings auch in ganz anderem Sinne gebraucht wird, habe ich die zweite mehr allgemeine Bezeichnung „normiert“ hinzugefügt.

luten Betrag erinnern, weil es sich gewissermaßen um einen zahlentheoretischen Betrag handelt. Offenbar gilt für zwei ungerade Zahlen q_1, q_2, die Produktformel

$$|q_1 q_2| = |q_1| \, |q_2| \, .$$

3. Wir lassen zunächst die EULERsche Formulierung folgen. Sie findet sich in der am 18. 5. 1772 der Petersburger Akademie vorgelegten Abhandlung mit dem Titel: Observationes circa divisionem quadratorum per numeros primos, welche aber erst 1783 im EULERschen Todesjahr im Druck erschien[1]) und lautet in freier Übersetzung folgendermaßen: Ist s eine beliebige Primzahl und bezeichnet man die nach dem Modul $4s$ genommenen quadratischen Reste durch α, die quadratischen Nichtreste, sofern sie die Form $4q+1$ haben, durch $\mathfrak{A}$, so ist für jede Primzahl von den Formen

$4ns + \alpha$	s Rest und $-s$ Rest
$4ns - \alpha$	s Rest und $-s$ Nichtrest
$4ns + \mathfrak{A}$	s Nichtrest und $-s$ Nichtrest
$4ns - \mathfrak{A}$	s Nichtrest und $-s$ Rest.

Nennt man die ungerade Primzahl p und benutzt man das LEGENDREsche Symbol, so heißt das in unserer Bezeichnungsweise

$$\left(\frac{s}{p}\right) = \left(\frac{|p|}{s}\right),$$

und das Symbol rechter Hand bedeutet, wenn es von dem Faktor -1 auf -1 selbst bezogen wird, für $s=-1$ den Wert $+1$ oder -1, je nachdem $|p|$ positiv oder negativ ist und für $s=2$ den Wert $+1$ oder -1, je nachdem $|p|$ kongruent 1 oder 5 nach 8 ist.

4. Aber auch schon in der EULERschen Abhandlung vom Jahre 1747, welche den Titel trägt: Theoremata circa divisores numerorum in hac forma $pa^2 \pm qb^2$ contentorum[2]) findet sich implizit

---

[1] Siehe Anmerkung 1 auf S. 3.

[2] L. EULER, Opera omnia I 2, 194 = Commentarii Petersburgensis XIV (1744—1746), p. 151 = Commentationes arithmeticae collectae I (1785), p. 35.

das Gesetz in dieser Form. Denn nach den Feststellungen von KRONECKER[1]) besagen die EULERschen Ausführungen folgendes:

Eine Primzahl N ist quadratischer Rest von jeder Primzahl und nur einer solchen, die positiv oder negativ genommen, einem Quadrate modulo $4N$ kongruent ist. Da auch das unterschiedliche Verhalten von N und $-N$ von EULER voll erfaßt ist, hat man, wenn man es auf den Faktor -1 bezieht, wieder genau das Gesetz in der am Schlusse der vorigen Nummer gegebenen Form, nur daß N statt s geschrieben ist.

5. Endlich gibt GAUSS[2]) in den Disquisitiones arithmeticae für das theorema fundamentale folgende Formulierung: Wenn p eine Primzahl von der Form $4n+1$, so wird $+p$, wenn aber p von der Form $4n+3$, so wird $-$ p Rest oder Nichtrest jeder Primzahl sein, die, positiv genommen, Rest oder Nichtrest von p ist. Nennt man diese Primzahl s, so heißt das genau wie oben $\left(\frac{s}{p}\right)=\left(\frac{|p|}{s}\right)$, aber doch mit dem Unterschied, daß GAUSS nur das Hauptgesetz erfaßt und obgleich er die vorteilhafte Kürze und Eleganz seiner Formulierung ausdrücklich hervorhebt, doch keinerlei Andeutungen darüber macht, daß die Ergänzungssätze mit eingeschlossen werden.

6. Da es meist üblich ist, die in das Reziprozitätsgesetz eingehenden Primzahlen durch p und q zu bezeichnen, legen wir für das folgende die Schreibweise

$$\left(\frac{p}{q}\right)=\left(\frac{|q|}{p}\right)$$

zugrunde. Dabei bedeutet also p eine positive gerade oder ungerade Primzahl oder den Wert -1, während q eine ungerade positiv oder negativ genommene Primzahl bezeichnet. Die beiden Nenner -1 und 2 können also nur auftreten, wenn der Zähler kongruent 1 nach 4 ist. $\left(\frac{|q|}{-1}\right)$ ist $+1$ oder -1, je nachdem $|q|$ positiv oder

---

[1] L. KRONECKER, Bemerkungen zur Geschichte des Reziprozitätsgesetzes. Monatsberichte der Akademie der Wissenschaften, Berlin (1875) 1876, 267 = Werke II, 4.

[2] K. FR. GAUSS, Disquisitiones arithmeticae (1801), art. 131 = Werke I, 99.

negativ ist und $\left(\frac{q}{2}\right)$ ist $+1$ oder -1, je nachdem q kongruent 1 oder 5 nach 8 ist. Es steht also nur links ein gewöhnliches Legendresymbol, welches ausdrückt, ob der Zähler quadratischer Rest des Nenners ist oder nicht. Infolgedessen ist das Vorzeichen des Nenners q ohne Einfluß auf den Wert des Symbols. Rechts ist aber die Bedeutung des Legendresymbols in dem genannten Sinne erweitert. Deswegen darf das Vorzeichen des Nenners p nicht beliebig genommen werden, wenn der Zähler negativ ist. Vielmehr wird man $\left(\frac{q}{-p}\right)$ als Produkt $\left(\frac{q}{-1}\right)\left(\frac{q}{p}\right)$ auffassen.

7. Das Reziprozitätsgesetz ist in der angegebenen Form schon sehr bequem in der Anwendung und ist so seit mehr als 20 Jahren in Vorlesungen von mir benutzt worden, wenn ich auch erst jetzt bei der Niederschrift dieser Note den außerordentlich engen Zusammenhang mit EULER bemerke. Das Gesetz läßt eine naheliegende Verallgemeinerung in der Gestalt

$$\left(\frac{P}{Q}\right) = \left(\frac{Q}{P}\right)$$

zu, wobei $P = \Pi p$ eine beliebige, $Q = \Pi q$ eine ungerade Zahl bezeichnet und Primfaktoren auch mehrfach auftreten können, abgesehen von dem bei P möglichen Faktor -1. Die Symbole auf beiden Seiten sind dabei durch die Formeln

$$\left(\frac{P}{Q}\right) = \prod_p \prod_q \left(\frac{p}{q}\right), \qquad \left(\frac{Q}{P}\right) = \prod_p \prod_q \left(\frac{q}{p}\right)$$

definiert. Ein Nachteil ist aber die Unsymmetrie der Formel, die sich auf folgende Weise beseitigen läßt.

8. Weil links das Vorzeichen des Nenners beliebig ist, kann man die Formel auch in der symmetrischen Gestalt

$$\left(\frac{p}{q}\right) = \left(\frac{q}{p}\right)$$

schreiben, so daß die beiden Seiten der Gleichung sich nur durch Vertauschen von Zähler und Nenner unterscheiden. In dieser Formel ist $|q|$ eine ungerade Primdiskriminante, welche wir allgemein durch δ bezeichnen wollen. Es gibt dann noch die drei geraden Primdiskriminanten $\delta = -4,\ 8,\ -8$. Setzt man ihre Werte an die Stelle von $|q|$, so behält die rechte Seite $\left(\frac{\delta}{p}\right)$ den Sinn eines Legendresymbols, wenn p eine ungerade Primzahl ist, während wir sie als Signatur von δ auffassen, wenn $p = -1$. Wir wollen nun der linken Seite $\left(\frac{p}{\delta}\right)$ die entsprechenden Werte zuschreiben, so daß das Reziprozitätsgesetz nach Vertauschung der beiden Seiten die Gestalt

$$\left(\frac{\delta}{p}\right) = \left(\frac{p}{\delta}\right)$$

annimmt. Hier ist also $\delta = -4, 8, -8, -3, 5, -7, -11, 13 \ldots$ eine Primdiskriminante, während p eine positive Primzahl oder den Wert -1 bezeichnet. Ist p die eine in δ aufgehende Primzahl, so sollen beide Symbole den Wert 0 haben.

9. In dieser Schreibweise gibt das Reziprozitätsgesetz eine Aussage über quadratische Formen mit Primdiskriminante δ, wobei negativ definite Formen grundsätzlich auszuschließen sind. Nimmt man die eine in δ aufgehende Primzahl aus, so können die übrigen (positiv genommenen) Primzahlen[1]), zu denen wir noch -1 hinzunehmen, nach zwei Gesichtspunkten eingeteilt werden, nämlich nach ihrer Darstellbarkeit und nach ihrem durch δ bestimmten Charakter. p ist durch eine Form der Diskriminante δ darstellbar oder nicht darstellbar, je nachdem $\left(\frac{\delta}{p}\right) = +1$ oder $\left(\frac{\delta}{p}\right) = -1$ gilt. Wenn es nämlich eine Form (p, q, r) mit $q^2 - 4pr = \delta$ gibt, so ist für eine ungerade Primzahl p $\left(\frac{\delta}{p}\right) = 1$, und umgekehrt kann, wenn $\left(\frac{\delta}{p}\right) = 1$, q gemäß den Kongruenzen $q^2 \equiv \delta, (p)$, $q^2 \equiv \delta, (4)$ bestimmt werden, so daß $r = \frac{q^2 - \delta}{4p}$ eine ganze Zahl wird. Für $p = 2$ ist δ ungerade und wegen $q^2 \equiv \delta, (8)$ gilt $\delta \equiv 1, (8)$ oder $\left(\frac{\delta}{2}\right) = 1$ und umgekehrt

[1] Bei positivem δ könnten die Primzahlen p auch gerade so gut negativ genommen werden, was wir aber unterlassen, um die Sätze nicht zu komplizieren.

folgt hieraus die Möglichkeit einer ganzzahligen Bestimmung von q und r. Endlich ist -1 nur durch indefinite Formen, d. h. für $\delta > 0$ oder $\left(\frac{\delta}{-1}\right) = 1$ darstellbar. Gilt das aber, so hat man für $\delta = 4n$ bzw. $4n + 1$, wo $n > 0$, die Formen $(-1, 0, n)$ bzw. $(-1, 1, n)$, d. h. -1 ist darstellbar.

10. Das zweite Einteilungsprinzip gibt der Charakter, der durch das Symbol $\left(\frac{p}{\delta}\right)$ ausgedrückt wird. Wenn δ ungerade oder gleich -4 ist, hat man zu beliebigem zu δ primem p $\left(\frac{p}{\delta}\right) = +1$ oder $\left(\frac{p}{\delta}\right) = -1$, je nachdem p quadratischer Rest oder Nichtrest von δ oder, was hier dasselbe besagt, von $|\delta|$ ist. Dagegen muß für $\delta = 8$ oder -8 eine abweichende Festsetzung getroffen werden, für welche in dem Symbol $\left(\frac{p}{\delta}\right)$ das Vorzeichen von δ durchaus Bedeutung hat. Es ist $\left(\frac{p}{8}\right) = 1$, wenn $p \equiv 1, 7, (8)$ und $\left(\frac{p}{8}\right) = -1$, wenn $p \equiv 3, 5, (8)$, ferner ist $\left(\frac{p}{-8}\right) = 1$, wenn $p \equiv 1, 3, (8)$ und $\left(\frac{p}{-8}\right) = -1$, wenn $p \equiv 5, 7, (8)$. Es ist also nach den früheren Festsetzungen[1])

$$\left(\frac{p}{8}\right) = \left(\frac{p}{2}\right) = (-1)^{\frac{p^2-1}{8}} \quad \text{und} \quad \left(\frac{p}{-8}\right) = \left(\frac{p}{-2}\right) = (-1)^{\frac{p^2-1}{8} + \frac{p-1}{2}}.$$

Da auch noch $\left(\frac{p}{-4}\right) = \left(\frac{p}{-1}\right)$, hat man überhaupt für gerades δ

$$\left(\frac{p}{\delta}\right) = \left(\frac{p}{\delta : 4}\right).$$

Der Sinn des Reziprozitätsgesetzes ist nun der, daß die beiden Einteilungsprinzipien der Primzahlen zusammenfallen, d. h. die darstellbaren Primzahlen haben positiven Charakter, die nichtdarstellbaren negativen Charakter. Das gilt auch für $p = -1$ (vgl. 15), aber nicht für die

[1] Wir haben hier die üblichen Exponentenausdrücke beigefügt, obschon sie bei unserer Art der Behandlung ganz überflüssig sind.

eine in δ aufgehende Primzahl p, für welche unsere Symbole beide den Wert 0 haben, obschon Darstellbarkeit möglich ist.

11. Eine beliebige Stammdiskriminante Δ kann eindeutig in Primdiskriminanten zerlegt werden $\Delta = \Pi\delta$. Eine beliebige ganze Zahl P kann eindeutig in Primfaktoren p zerlegt werden, $P = \Pi p$. Hier können Faktoren p auch mehrfach vorkommen, nur der Faktor -1 kommt höchstens einmal vor. Entsprechend diesen Zerlegungen definieren wir die verallgemeinerten Symbole

$$\left(\frac{\Delta}{P}\right) = \prod_{\delta}\prod_{p}\left(\frac{\delta}{p}\right), \quad \left(\frac{P}{\Delta}\right) = \prod_{\delta}\prod_{p}\left(\frac{p}{\delta}\right).$$

Für sie gilt dann das verallgemeinerte Reziprozitätsgesetz

$$\left(\frac{\Delta}{P}\right) = \left(\frac{P}{\Delta}\right).$$

Hier sind aber die Symbole reine Rechnungsgrößen. Sie können deshalb den Wert 1 annehmen, ohne daß der Zähler quadratischer Rest des Nenners ist. Ist das aber der Fall und sind nicht Zähler und Nenner zugleich negativ, so haben die Symbole jedenfalls den Wert $+1$, wie aus ihrer Definition und den obigen Ausführungen folgt.

Bei dem verallgemeinerten Symbol können gerade Potenzen einer ungeraden Primzahl im Zähler oder Nenner fortgelassen werden. Das gilt auch für die Primzahl 2, wenn sie in P auftritt, jedoch nur in beschränktem Maße, wenn Δ durch eine Potenz von 2 teilbar ist. Die Diskriminanten $\delta = -4, 8, -8$ sind nicht einfach als Potenzen aufzufassen, sondern haben Primcharakter. Deshalb ist eine Abspaltung des Faktors 4 nicht ohne weiteres möglich, die Nenner $-1, 2, -2$ können eben nur auftreten, wenn der Zähler Diskriminante ist (vgl. 10).

12. In manchen Fällen ist es zweckmäßig, die Verallgemeinerung noch einen Schritt weiterzutreiben und Δ als beliebige Diskriminante anzunehmen, wobei dann die Gleichung

$$\left(\frac{\Delta}{P}\right) = \left(\frac{P}{\Delta}\right)$$

ebenfalls gilt. Dann sind aber auch quadratische Faktoren für die Zerlegung erforderlich. Stellt man diese, soweit es geht, als Quadrate von Primdiskriminanten dar, so bleibt doch der Faktor 4 übrig, bei dem das nicht möglich ist. Er ist also als weitere Primdiskriminante[1]) den früheren beizufügen. Die Eindeutigkeit der Zerlegung bleibt bei den ungeraden Diskriminanten bestehen. Dagegen kann eine Potenz von 2 häufig auf mehrfache Weise in Faktoren 4, —4, 8, —8 zerlegt werden. Die Berechnung der verallgemeinerten Symbole erfolgt ähnlich wie vorhin. Der überzählige Faktor 4 hat im allgemeinen keinen Einfluß auf den Wert des Symbols, es sei denn P gerade, wodurch die Symbole zu Null werden.

13. Unter den Beweisen des Reziprozitätsgesetzes ist für unsere Formulierung derjenige am besten geeignet, welcher aus der Theorie der quadratischen Formen abgeleitet ist, d. h. der zweite GAUSSsche Beweis in der üblichen Numerierung[2]). Er werde hier kurz dargestellt, weil sich aus unserer Auffassung kleine Änderungen und Vereinfachungen ergeben.

Wir sahen schon oben: Wenn p eine positive Primzahl unter Ausschluß der einen in δ aufgehenden oder den Wert —1 bedeutet, so ist die Bedingung $\left(\frac{\delta}{p}\right) = 1$ mit der Darstellbarkeit und infolgedessen die Bedingung $\left(\frac{\delta}{p}\right) = -1$ mit der Nichtdarstellbarkeit der Zahl p durch Formen der Diskriminante δ gleichwertig.

14. Wir zeigen nun: Aus $\left(\frac{\delta}{p}\right) = 1$ folgt $\left(\frac{p}{\delta}\right) = 1$. Das ergibt sich aus der ungeraden Klassenzahl. Da nur eine ambige Klasse, die Hauptklasse, vorhanden ist und die anderen Klassen, falls es deren gibt, paarweise vorhanden sein müssen, so ist die Klassenzahl h ungerade. Wenn nun p durch eine Form der Diskriminante δ darstellbar ist, so muß wegen der Gruppeneigenschaft der Klassen

[1] Indessen entspricht dieser Primdiskriminante kein Charakter.

[2] K. FR. GAUSS, Disquisitiones arithmeticae (1801), art. 262 = Werke I, 292.

in bezug auf die Komposition die Zahl p^h durch die Hauptklasse darstellbar sein. Daher hat p^h und somit auch p den Hauptcharakter, d. h. es ist $\left(\frac{p}{\delta}\right)=1$.

15. Etwas mühsamer wegen der notwendigen Fallunterscheidungen ist der umgekehrte Schluß: Aus $\left(\frac{p}{\delta}\right)=1$ folgt $\left(\frac{\delta}{p}\right)=1$. Wenn δ gerade, so sind nach 8 beide Symbole definitionsgemäß gleich. Somit darf man δ ungerade, also $\delta=|q|$ annehmen. Jetzt können aber die meisten Fälle durch Zurückführen auf das unter 14 Bewiesene erledigt werden. Ist zunächst $p=-1$, so gilt die Gleichung $\left(\frac{-1}{\delta}\right)=\left(\frac{\delta}{-1}\right)$ dann und nur dann, wenn $\left(\frac{-1}{\delta}\right)=\left(\frac{-1}{|\delta|}\right)$ für ungerades δ als gewöhnliches Legendresymbol aufgefaßt wird, was wir daher tun wollen. (Nebenbei sei bemerkt, daß diese Gleichheit auch für $\delta=-4$, aber nach 10 nicht für $\delta=-8$ stattfindet.) Jetzt sei $p=2$, dann hat man $1=\left(\frac{2}{\delta}\right)=\left(\frac{8}{\delta}\right)=\left(\frac{8}{|q|}\right)=\left(\frac{8}{q}\right)$, und das ist nach 14 und $10=\left(\frac{q}{8}\right)=\left(\frac{|q|}{2}\right)=\left(\frac{\delta}{2}\right)$.

16. Es bleibt noch die Annahme, daß p ungerade Primzahl ist. Wenn $p\equiv 1,(4)$, so ist in dem Symbol $\left(\frac{p}{\delta}\right)$ auch der Zähler Diskriminante. Es gilt $1=\left(\frac{p}{\delta}\right)=\left(\frac{p}{|q|}\right)=\left(\frac{p}{q}\right)$ und nun nach 14 wegen $\left(\frac{\pm 1}{p}\right)=1$ weiter $=\left(\frac{q}{p}\right)=\left(\frac{|q|}{p}\right)=\left(\frac{\delta}{p}\right)$. Wenn $p\equiv 3,(4)$ und $\delta=q\equiv 1,(4)$, so hat man wegen $\left(\frac{-1}{q}\right)=1$

$$\left(\frac{p}{\delta}\right)=\left(\frac{p}{q}\right)=\left(\frac{-p}{q}\right)=\left(\frac{|p|}{q}\right).$$

Jetzt ist der Zähler wieder Diskriminante, somit folgt nach 14 aus $\left(\frac{|p|}{q}\right)=1$ auch $\left(\frac{q}{|p|}\right)=\left(\frac{q}{p}\right)=\left(\frac{\delta}{p}\right)=1$.

Noch nicht behandelt ist die Annahme, daß $p \equiv 3, (4)$ und $\delta = -q$, wo auch $q \equiv 3, (4)$. Dieser Fall kann nicht in der bisherigen Weise bewiesen werden. Ist nämlich $\left(\frac{p}{\delta}\right) = \left(\frac{p}{q}\right) = 1$, so folgt $\left(\frac{-p}{q}\right) = -1$, jetzt ist der Zähler Diskriminante, aber das Symbol ist negativ, somit kann der Schluß aus 14 nicht angewandt werden. Man kommt auch nicht auf einen Widerspruch, wenn man statt $\left(\frac{q}{p}\right) = -1$ die Annahme $\left(\frac{q}{p}\right) = 1$, d. h. $\left(\frac{-q}{p}\right) = -1$ macht, weil diese Bedingung wieder dieselbe wie oben mit Vertauschung der Buchstaben p, q ist.

17. Dieser Fall wird nach dem Vorbilde von GAUSS durch Betrachtung der Formen mit der Diskriminante $pq = 1 + 4n$ bewiesen, wenn man die Tatsache benutzt, daß höchstens die Hälfte der möglichen Geschlechter existiert, was mit Hilfe der ambigen Formen gezeigt werden kann. Ist etwa $p < q$ und $q = p + 4r$, so ergeben sich für die Diskriminante pq die Formen $(1, 1, -n)$, $(-1, 1, n)$, $(p, p, -r)$, (q, q, r). Die

erste hat $\chi_p = \chi_q = 1$,

die zweite $\chi_p = \chi_q = -1$,

die dritte $\chi_p = \left(\frac{-r}{p}\right) = \left(\frac{-q}{p}\right), \quad \chi_q = \left(\frac{p}{q}\right)$,

die vierte $\chi_q = \left(\frac{r}{q}\right) = \left(\frac{-p}{q}\right), \quad \chi_p = \left(\frac{q}{p}\right)$.

Da es höchstens zwei Geschlechter geben kann, so muß $\left(\frac{p}{q}\right) = \left(\frac{-q}{p}\right)$, $\left(\frac{q}{p}\right) = \left(\frac{-p}{q}\right)$ gelten. Da nun links die Nenner auch negativ genommen werden können, ist damit das Reziprozitätsgesetz in der Form $\left(\frac{\delta}{p}\right) = \left(\frac{p}{\delta}\right)$ vollständig bewiesen.

18. Es sollen nun einige Beispiele gegeben werden, welche zeigen, wie einfach bei Vermeidung jeglicher Rechnung sich die Anwendung des Reziprozitätsgesetzes in der neuen Fassung gestaltet.

Man betrachte die binären quadratischen Formen für die Stammdiskriminante Δ unter Ausschluß der negativen Formen, falls $\Delta < 0$.

Ist m eine positive zu Δ prime durch eine dieser Formen darstellbare Zahl, so kommt der Form für jede Primdiskriminante δ aus Δ ein Charakter χ_δ zu, der durch $\chi_\delta = \left(\frac{m}{\delta}\right)$ bestimmt ist. Bildet man das Produkt über alle Primdiskriminanten, so wird

$$\Pi\chi_\delta = \Pi\left(\frac{m}{\delta}\right) = \left(\frac{m}{\Delta}\right) = \left(\frac{\Delta}{m}\right) = 1,$$

und das ist die Bedingung für die Existenz der Geschlechter, welche sich hier ohne jede Fallunterscheidung und Rechnung ergibt.

19. Die Relation ist auch für beliebiges Δ gültig. Indessen gehen nur diejenigen Charaktere χ_δ wirklich in die Existenzbedingung ein, für die δ einfach oder in ungerader Potenz in Δ aufgeht. Das sind zunächst die ungeraden δ, welche schon die zugehörige Stammdiskriminante Δ_0 teilen, während diese Bedingung für $\delta = -4, 8, -8$ nicht zu gelten braucht. Trennt man alle ungeraden Primdiskriminanten ab, so bleibt von Δ eine positive oder negative Potenz $\pm 2^u$ übrig. Gilt das Pluszeichen und ist u gerade, so gibt es zwar für $u \geqq 4$ einen oder mehrere supplementäre Charaktere, diese unterliegen aber keinen Bedingungen. Ist die Potenz $8 \cdot -8 \cdot 2^{2u_0}$, $-4 \cdot -8 \cdot 2^{2u_0}$, $-4 \cdot 8 \cdot 2^{2u_0}$, wo $u_0 \geqq 0$, so gehen die entsprechenden Charaktere gekoppelt in die Bedingung für die Existenz der Geschlechter ein, während $-4, 8, -8$ bzw. die Faktoren von Δ_0 sind. Es bleiben dann nur noch die Fälle $-4 \cdot 4, -4, 8, -8$, wo der entsprechende Charakter einzeln auftritt.

Wir wollen das Produkt der in dieser Weise ermittelten Primdiskriminanten durch $\Delta_* = \delta_1 \delta_2 \ldots \delta_e$ bezeichnen.

20. Anschließend fassen wir noch das mit dem Vorstehenden eng zusammenhängende uralte Problem der Bestimmung der Linearformen ins Auge, in denen die durch Formen der beliebigen Diskriminante Δ darstellbaren Primzahlen liegen, sofern sie zur Diskriminante teilerfremd sind. Diese Primzahlen sind durch die Bedingung

$$\left(\frac{\Delta}{p}\right) = \left(\frac{p}{\Delta}\right) = 1$$

charakterisiert. Versteht man wie vorhin unter Δ_* das Produkt der in ungerader Potenz in Δ aufgehenden Primdiskriminanten, wobei, falls Δ durch 32 teilbar ist, zur Ermittlung das vorhin eingeschlagene Verfahren angewandt werden muß, so ergibt sich aus

$$\left(\frac{p}{\Delta}\right) = \left(\frac{p}{\Delta_*}\right) = 1,$$

daß die Primzahlen in Linearformen $\Delta_* n + a$ liegen müssen. Dabei ergeben sich die Werte von a aus den Bedingungen

$$\left(\frac{a}{\delta_1}\right)\left(\frac{a}{\delta_2}\right) \cdots \left(\frac{a}{\delta_e}\right) = 1.$$

21. Die über 200 Jahre alte Abhandlung von EULER, auf die oben unter 3 schon Bezug genommen wurde, enthält zahlreiche Beispiele, von denen wir die folgenden anführen:

$\Delta = -12 = 4 \cdot -3$ liefert die Primzahlen $3n+1$,

$\Delta = -20 = -4 \cdot 5$ liefert die Primzahlen

$$p \equiv 1,\ (4) \quad \text{und} \quad \equiv 1,4,\ (5)$$
$$p \equiv 3,\ (4) \quad \text{und} \quad \equiv 2,3,\ (5),$$

es ergeben sich also die Progressionen

$$20n + 1,3,7,9.$$

$\Delta = -44 = 4 \cdot -11$, die einzige Bedingung

$\left(\frac{a}{-11}\right) = 1$ liefert $11n + 1,3,4,5,9$

oder wie bei EULER angegeben $22n + 1,3,5,9,15$.

$$\Delta = -56 = -7 \cdot 8 \qquad p \equiv 1,2,4,\ (7) \quad \equiv 1,7,\ (8)$$
$$p \equiv 3,5,6,\ (7) \quad \equiv 3,5,\ (8),$$

also ergeben sich die Linearformen

$$56n + 1,3,5,9,13,15,19,23,25,27,39,45.$$

$$\Delta = -60 = 4 \cdot -3 \cdot 5 \qquad p \equiv 1,\ (3) \quad \equiv 1,4,\ (5)$$
$$p \equiv 2,\ (3) \quad \equiv 2,3,\ (5),$$

somit liegt p in den Linearformen

$$30n + 1,17,19,23.$$

$\Delta = -84 = -4 \cdot -3 \cdot -7$, die Bedingungen

$$\left(\frac{a}{-4}\right)\left(\frac{a}{-3}\right)\left(\frac{a}{-7}\right) = 1$$

liefern die 12 Linearformen

$$84n + 1, 5, 11, 17, 19, 23, 25, 31, 37, 41, 55, 71.$$

Die EULERschen Beispiele zeigen zugleich, wie eng verwandt unsere Auffassung der seinigen ist.

22. Als weiteres Beispiel behandeln wir die ternären quadratischen Formen, welche zugleich Stammformen sind, d. h. eine positive Signatur haben und weder selbst noch nach Multiplikation mit einem Faktor unter einer Form mit absolut kleinerer Diskriminante enthalten sind. Die Diskriminanten der Stammformen, d. h. die Stammdiskriminanten, sind durch kein Quadrat teilbar und enthalten immer eine gerade Anzahl von Primfaktoren, wenn -1 auch als Primfaktor zählt. Das ergibt sich in der folgenden Weise. Ist

$$f = ax^2 + by^2 + cz^2 + a'yz + b'xz + c'xy$$

eine Stammform mit der Diskriminante

$$\begin{aligned} d &= aa'^2 + bb'^2 + cc'^2 - 4abc - a'b'c' \\ &= a(a'^2 - 4bc) + bb'^2 - a'b'c' + cc'^2 \\ &= a\Delta + m, \end{aligned}$$

so ist m wegen der positiven Signatur bei negativem Δ notwendig positiv. Man darf Δ prim zu d und infolgedessen auch m zu d und Δ prim annehmen. Für alle Primfaktoren p von d, wobei für $d < 0$ auch -1 als Primfaktor zählt, hat die Stammform f den Charakter $\left(\frac{\Delta}{p}\right) = -1$ (das bedeutet für $p = -1$ Δ ist negativ). Die Relation

$$d = a\Delta + m$$

ergibt dann wegen $\left(\frac{\Delta}{p}\right) = \left(\frac{p}{\Delta}\right) = -1$

$$\prod_p \left(\frac{p}{\Delta}\right) = \left(\frac{d}{\Delta}\right) = \left(\frac{m}{\Delta}\right) = \left(\frac{\Delta}{m}\right) = 1,$$

d. h. die Anzahl der p ist gerade.

Die ternären Stammdiskriminanten d sind bekanntlich gleichzeitig die Grundzahlen der rationalen Quaternionenalgebren, für die deshalb derselbe Satz gilt.

23. Wir wollen noch das Problem der Darstellung eines quadratischen Zahlkörpers mit der Diskriminante Δ durch eine Quaternionenalgebra mit der Grundzahl d behandeln. Es ist bekannt, daß alle und nur diejenigen Zahlkörper dargestellt werden können, welche der Bedingung genügen: Δ ist für keinen Primfaktor p von d quadratischer Rest[1]), das bedeutet, die Primzahl p geht entweder in Δ auf oder es ist $\left(\frac{\Delta}{p}\right) = -1$. Wenn $d < 0$, tritt -1 als Faktor von d auf, dann muß $\left(\frac{\Delta}{-1}\right) \neq +1$, d. h. $\Delta < 0$ gelten.

Genügt die Diskriminante Δ diesen Bedingungen und ist μ die Anzahl der in Δ aufgehenden Primdiskriminanten, welche teilerfremd zu d sind, ist ferner h_0 die Anzahl der Formenklassen in einem Geschlecht, so gibt es $2^{\mu} h_0$ wesentlich verschiedene Darstellungen des Zahlkörpers mit der Diskriminante Δ durch die Quaternionenalgebra mit der Grundzahl d.

24. Ihnen zugeordnet sind Darstellungen der Zahl Δ durch eine gewisse ternäre quadratische Form $\bar{g}$, welche die negativ genommene Adjungierte einer ternären Form $\mathfrak{g}$ ist, die nach der bekannten Theorie der ternären quadratischen Formen dann eine binäre Form der Diskriminante Δ darstellt. Die hier in Betracht kommenden binären Formen gehören einem bestimmten Geschlecht an. Das ist klar, wenn Δ zu p prim ist. Denn dann findet man für den Charakter die Bedingung $\chi_\delta = \left(\frac{d}{\delta}\right)$. Wenn aber Δ nicht zu d prim ist, so wird für einzelne Werte von δ dies Symbol 0 und man könnte meinen, es läge für χ_δ keine Forderung vor, und beide Werte seien möglich. Indessen überzeugt man sich leicht an Beispielen, daß in solchen Fällen der Wert von χ_δ trotzdem festliegt.

[1] KOŘINEK, Kvadratická tělesa v kvaternionových okruzích, Prag 1930.

25. Daher muß es möglich sein, ihn auch rechnerisch zu bestimmen. Jetzt sind aber scheinbar die Werte $\delta = -4, 8, -8, |p|$, wo p eine ungerade Primzahl ist, ganz verschiedenartig. Denn d enthält nur einfache Primfaktoren, kann also höchstens den Faktor 2 mit einer geraden Primdiskriminante gemeinsam haben, während d, wenn es nicht prim zu einer ungeraden Primdiskriminante δ ist, auch durch δ teilbar wird. Bei den Bemühungen, die verschiedenen Fälle gleichartig zu behandeln, stellte sich überraschenderweise heraus, daß, wenn δ nicht prim zu d ist, so daß beide eine Primzahl p gemeinsam haben, χ_δ stets durch die Formel

$$\chi_\delta = -\left(\frac{d:p}{\delta}\right)\left(\frac{\Delta:\delta}{p}\right)$$

gegeben ist.

26. Obschon ich nun seit 40 Jahren jedesmal, wenn mir das Reziprozitätsgesetz begegnete, das Gefühl nicht los wurde, das Gesetz muß sich noch besser formulieren lassen, so veranlaßte mich doch erst diese Formel, dem Gesetz die neue Wendung zu geben, für deren Zweckmäßigkeit und Leistungsfähigkeit sie mir zugleich einen unbedingt überzeugenden Beweis lieferte. Nachträglich bemerkte ich dann, wie gut sich die neue Formulierung an die älteren Untersuchungen von Euler und Gauss sowie an die bisher von mir benutzte Schreibweise des Gesetzes anschließt und wie leicht sie sich, wie oben ausgeführt wurde, auch von dieser Seite her gewinnen läßt.

BERICHTE ÜBER DIE VERHANDLUNGEN DER SÄCHSISCHEN AKADEMIE DER WISSENSCHAFTEN ZU LEIPZIG

MATHEMATISCH-NATURWISSENSCHAFTLICHE KLASSE

Band 97

Heft 1	*Erich Strack:*	Beobachtungen über den endogenen Anteil des Kot-Stickstoffes. 1949	DM 2.50
Heft 2	*Ernst Hölder:*	Über die Variationsprinzipe der Mechanik der Kontinua. 1950	vergr.
Heft 3	*H. Gerstner / H. Baark / H. Graul:*	Der Wechselstromwiderstand der Froschhaut. 1950	DM 2.75
Heft 4	*H. Beckert:*	Existenz- und Eindeutigkeitsbeweise für das Differenzenverfahren zur Lösung des Anfangswertproblems, des gemischten Anfangs-Randwert- und des charakteristischen Problems einer hyperbolischen Differentialgleichung 2. Ordnung mit zwei unabhängigen Variablen. 1950	DM 9.—
Heft 5	*H. Beckert:*	Über quasilineare hyperbolische Systeme partieller Differentialgleichungen 1. Ordnung mit zwei unabhängigen Variablen. Das Anfangswertproblem, die gemischte Anfangs-Randwertaufgabe, das charakteristische Problem. 1950	DM 14.50
Heft 6	*E. Heidebroek:*	Das Verhalten von zähen Flüssigkeiten, insbesondere Schmierflüssigkeiten, in engen Spalten. 1950	vergr.
Heft 7	*Hans Schubert:*	Über eine lineare Integrodifferentialgleichung mit Zusatzkern. 1950	DM 9.25
Heft 8	*Helmar Krupp:*	Bestimmung der allgemeinen Lösung der Schrödinger Gleichung für Coulomb-Potential. 1950	DM 5.50

Band 98

Heft 1	*Walter Schnee:*	Über magische Quadrate und lineare Gitterpunktprobleme. 1951	DM 4.65
Heft 2	*E. Heidebroek:*	Über die Beziehungen zwischen Schmierung und Verschleiß bei geschmierter Gleitreibung. 1950	DM 2.75
Heft 3	*Karl Kegel:*	Der Salzstock Mirowo bei Provadia in Bulgarien. 1951	DM 3.—
Heft 4	*H. Beckert / Hans Salié:*	Bemerkungen über die Verbiegung hyperbolisch gekrümmter Flächenstücke. Über Abels Verallgemeinerung der binomischen Formel. 1951	DM 2.25

Band 99

Heft 1	*H. Brandt:*	Über das quadratische Reziprozitätsgesetz	(vorliegende Veröffentlichung)
Heft 2	*Georg Spackeler:*	Der Gebirgsdruck und seine Beherrschung durch den Bergmann	(im Druck)

Bestellungen an eine Buchhandlung erbeten

AKADEMIE-VERLAG · BERLIN NW 7

FSC
www.fsc.org
MIX
Papier | Fördert gute Waldnutzung
FSC® C083411

Zeitfracht Medien GmbH
Ferdinand-Jühlke-Straße 7
99095 Erfurt, Deutschland
produktsicherheit@kolibri360.de